「万人の知恵　その九」

父への反抗が解けた時に開眼する

～１２０年間継続しているフィロソフィー～

著者　清水　良朗
　　　工藤　直彦
編集　万代宝書房

父への反抗が解けた時に開眼する
１２０年間継続しているフィロソフィー

もくじ

まえがき 9
第一話 父への反抗が解けた時に開眼する～縦に繋がる体験と事業継承～
1、120年間継続しているフィロソフィー 9
2、うなぎの問屋 16
3、息子との関係性とウナギ業 23
第二話 続ける力！ 続ける価値！～継続することは何を生み出すのか？～
1、権力者と権威者を分けてきたのが日本 33
2、次の世代につなげる 43
第三話 永久不滅な物と一時好調の違い～時空を超える美しさに宿る精神～
1、ロングセラーと淘汰 53
2、真実は時空を超える 60
3、美しく死ぬ 66
ぶぎんレポート 71

まえがき

本書にメインゲストとして登場する清水良朗氏は、㈱鯉平代表取締役社長です。明治三〇（一八九七）創業以来、鯉やうなぎ等の淡水魚の加工販売に携わってきた㈱鯉平。清水良朗氏は、以来、一二〇年以上続く、㈱鯉平の四代目です。日清戦争が、明治二七（一八九四）の三年後です。

もう一人のメインゲストの工藤直彦氏は、論語、哲学、心理学などを学んでおり、音楽事務所アーティスティックコミュニティの代表取締役（本人は、ミュージシャンでもある）です。ちなみに、「万代宝書房」の名付け親は、工藤直彦氏です。

私はお二人との自然会話形式の鼎談《ていだん》をし、その内容は、まさに「知恵は万代の宝」と感じたのです（収録：二〇二〇年二月十一日）。

そんな折、視聴者の方から、「是非、この内容を書籍にしてくれないだろうか？」との要望を受け、この度、「万代宝書房 万人の知恵チャンネル」で放映したお二人のライブトークの内容をテープ起こしして書籍化し、「人類の宝」として、国会図書館に贈呈し、後世に残すことにしました。

「人は幸せになるために生まれてきている」といわれています。しかし、我々は、「成功するための勉強」はしても、「幸せになるための勉強」は殆どしていません。

本書が、「幸せになるための勉強」の一助になれば、幸いです。

二〇二〇年六月吉日　釣部　人裕

第一話　父への反抗が解けた時に開眼する

～縦に繋がる体験と事業継承～

１２０年以上続く老舗企業の四代目清水氏。会社を継ぐことを当然と思いながらも、父に反発し、父を超えたい一心で様々に新しいことを試みるも、散々な結果に…。

危機的な状況にまで業績を落とした時、「父に謝る」実践をしました。その時、反抗していた父に対しての遠ざけていた記憶、「父の愛」があった事が蘇り、涙が流れ、一気に風が吹き抜けるように先祖代々からの灯火のリレーが繋がりました。

また、工藤直彦も父との確執を謝ることで不思議な体験をしています。

反抗しても、結局は親と似たことをしていた。親もその上の代も、次の世代に何かを受け渡してきています。

1、120年間継続しているフィロソフィー

釣部：皆さんこんばんは。万代宝書房、『万人の知恵チャンネル』の時間になりました。ヒマナイヌスタジオ高円寺からお送りしております。ゲストに清水良朗さん、工藤直彦さんに来ていただいております。どうぞよろしくお願いいたします。

工藤：よろしくお願いします。

清水：よろしくお願いします。

釣部：また、ギャラリーに多数、今日は初めての満席になりました。どうもありがとうございます。では最初に清水さん、自己紹介をお願いいたします。

清水：『翔んで埼玉』の埼玉県は大宮でうなぎの問屋をしております。うなぎ屋も4店舗経営しております。よろしくお願いします。

釣部：よろしくお願いいたします。先日、地上波で『翔んで埼玉』やっていましたね。

清水：やっていましたよ。はい。

釣部：工藤さん、お願いします。

工藤：はい。いつもお世話さまです。音楽事務所やっています工藤でございます。

釣部：ありがとうございます。

今日はお二人をお招きして、最初に僕から質問したいんですけれども、清水さんといえば１２０年の会社、鯉平（こいへい）さんですよね。うなぎと淡水魚の問屋さんをやっている。１２０年というと四代目ということですよね。

僕は創業者で、周りも創業者の方が多くて、事業継承するってどういうことなのかなということが分からないものですから、事業継承についてお話を聞きたいと思いまして…。

どういうものなのですかね、事業継承って…。

当然のごとく継承すると思っていらっしゃったのですか？

清水：私は物心ついたら父が、「お前は跡取りなんだから」と…。「後を継ぐんだよ」と言われ続けてきたので、**なんの疑いもなく継ぎましたけど**ね。「地元の小学校行け、中学校行け、高校行け」「剣道の道場通え」、「ボーイスカウト入れ」とかね。「地元密着でいけ」と。言うとおりに生きてきましたので…。

でも、立教大学なんですけど、立教のキャンパスに入ってその空気を吸うと、違う世界があるんですよね。**もう嫌になりましてね。継ぎたくないなと思いました**、その時初めて…。でも、結局継いじゃったんですよね。

釣部：一回、別の会社に行ったんですよね？

清水：そうです。私が卒業するぐらいの時は、コピーライターの糸井重里氏が全盛で、広告の仕事をしたいと思ったんですけど、やっぱりそういうお仕事、就職活動したってどこも入れてくれませんよ。だって継ぐって、もう決めちゃっていたからね。甘えがあったでしょう。仕方なく父に「どっか紹介してっ」てお願いして、倫理法人会の企業さんに3年間お世話になりました。

釣部：自社に戻るきっかけは何かあったんですか？

清水：いいえ、3年という約束でしたから。

釣部：初めから3年外の飯食べて、そして自分のところに行くと…。

清水：そうです。

釣部：その時は嫌だっていう気持ちはなかったですか？

清水：もうないですね。諦めたというかね。

釣部：工藤さんなんかは継がなかったほうというか？

商号　株式会社　鯉平
本　店　埼玉県さいたま市見沼区卸町 1-23
TEL：048-682-0525(代)
創　業　明治 30 年（1857）
大宮氷川神社参道一の鳥居前で川魚卸業を創業
設　立　昭和 27 年（1952）1月 5日
有限会社鯉平商店設立
代表取締役社長　清水 良朗
従業員数　115 名
事業内容　淡水活魚・水産加工品の卸売・鰻蒲焼の小売・飲食業
取扱品目　活鰻・活鯉・活なまず・活どじょう・活すっぽん・冷凍鰻白焼・冷凍鰻蒲焼・鰻串打機・冷凍海老・冷凍鮎・冷凍いわな・山椒・竹串・蒲焼たれ

工藤：うち、親父サラリーマンだったので。継ぐもなにも…。

釣部：もう自分で生きていくという…。

工藤：そういう意味じゃ、親父サラリーマンだったんで、どこに就職しようかと思って、学生時代を過ごすわけですよ。だから創業するとか商売始めるなんて、これっぽっちも考えてなくて、どこに勤めようかなって…。

私が社会人になる時は、時はバブルでございますので、当然ちょっとガッツのある連中はみんな銀行とか、証券とか、不動産とか、そういったところになだれ込んだ時期です。だから私もその時、証券会社を選んで。だからそれは継ぐっていうのとは違うけれども、やっぱり育った環境ですよね。サラリーマン家庭に育ったら、サラリーマンになるのが当たり前と思っちゃって…。

釣部：ある意味サラリーマンを継いでいるという。

工藤：継いでいるというか、そういうものだと思っちゃう。

釣部：僕は全く継いでないというか、親父は継ぐ必要ないという人だったので…。うちはアパート経営だったんですけれども、自分の代で終わりだから、お前らは自分で生きていけという主義だったので、当然の如く家を継ぐという発想があまり想像ができないんですよね。清水さんから見ていると、継ぐ人と、自分でやっていく人って違いは感じられたんですか？

清水：その時に、「うちの親父がやっている会社危ないかも？」とか、「この業界は先がないんじゃないか？」と思ってみたり。それを当の本人、親父から言われてみたり。そうしたら継がないでしょうね。やっぱりもう、ギンギンにオーラを出していましたからね。継ぐもんだというオーラを出していたから、それじゃないですかね。

釣部：前に、**１２０年のフィロソフィー**というお話をお聞きした時に、僕は「えーっ！」って思ったのは、**「うちは代々誰も逃げなかったからだ」**っていうことをおっしゃって…。１２０年のフィロソフィーがそれかっていうのは、すごく僕は驚いたというのか、「さすが！」というか、思ったんですけど…。

清水：結局、マスメディアとか取材に来るわけですよ。「老舗企業がどうして１００年続いたんですか？」とかね。そんなの知りませんよ。１００年生きてないんだから、私。

だけど、格好つけてね、「うーん。それは変革に次ぐ変革ではないでしょうか」とかね、「ゴキブリのように環境に順応してきたんですよ」とか、偉そうなことを言っていた自分がいて、全然しっくりこなかったんですよね。

今年123年ですけど、おそらくいろんな戦争もあったし、オイルショックとか、いろんなことがあったわけですから、大変だったと思うんですよね。ひいおじいちゃんも、おじいちゃんも、親父も…。だけど、**結局続いているということは、大八車に家財道具乗っけて逃げなかったんだろうし、松の枝に縄つけて首括んなかったと**…。それだけのような気がするんです。逃げずに続けていた的な感じ。そういうことだけじゃないのかなと。想像ですけど…。

初代と四代目

釣部：清水さんの代になっても、ちょっと危ないなとかありました？

清水：ありましたね。

釣部：ちょっとお話しできる範囲で、どういうご苦労があってどう抜け出したのかっていうのを…。

2、うなぎの問屋

㈱鯉平の活鰻

清水：要するに私は父から「お前は継ぐんだ！」とて言われて、言いなりで生きてきたから、そういう自分がもう嫌で自己嫌悪があったんですね。**その自己嫌悪がそのまま父への嫌悪感になって大っ嫌いだったですね。**

忙しくて遊んでもくれなかったし…。だから継いだ時には父を超えようとしか考えなかったわけですよ。

父がやらなかったことをやって、**世間様に「今度の若社長はいいね」と。「先代よりもいいじゃねえか」と評価をしてもらいたい。そればっかり頭にあって、それで新しいことをどんどんやっちゃって…。**

例えば、うなぎとか鯉とかを原料にしたサプリメントを開発して、見事に大失敗したりとかね。
　あと、池袋にうなぎ屋を出したいって父に言ったらば、「問屋がそんなうちのお得意さまのライバルになるようなことしちゃダメだ」と大反対されたんですけど、無理やり別会社作っちゃって出しちゃったんです。それも見事に失敗して…。「じゃあ、埼玉県に近くなければいいんだろう！」っていって、うなぎ屋を北海道の札幌に出したんですよ。
　そうしたら、それも見事に失敗しまして、それでうちの資金繰りがひどい状態になったんです。それでどん底までいっちゃって、２００４年だったですかね。父も私に何も言わないんですよ。ダメとも何とも。「なんで止めないのかな？」って思ったけど…。

釣部：やるよってことは報告されて？

清水：もちろんです。「ふーん」って興味がない感じ。もう、やって当然の如く失敗して、「ほらみろ！」って…。今頃言うなよっていう感じなんですよね。「最初からやるなって言えよ！」みたいな。まあ、甘えもあったんでしょうけど。それきっかけに倫理法人会にお世話になったっていうのは事実ですよね。

釣部：回復してったのは、何かきっかけとか理由はあるんですかね？

清水：ほんとにM＆A（買収）してもらおうというところまできたんですけれども、100年超えていたので、**「100年企業もあっという間にいっちゃうんだな」なんて思ったん**です。**山一證券**と同じ創業なんです。だから、山一證券がいったときに「バカじゃねえの」と思ったけど、ほんとに自分がバカなんだなと思って…。

父が倫理法人会に入っていたものですから。全然モーニングセミナーにも行かなくて、私も当然行かないんだけど、倫理法人会の大宮の会長さんが家に来てくれて、「清水くん、お父さんは一回も来ないけど、君なら来られんじゃないの？」って言ってきたんですよね。

「今どうなの？」と訊かれて、いや実はこれこれこうでって言うと、「じゃあモーニングセミナーおいでよ」って言われて行ったんですよ。そうしたら、研究所の先生がいて**倫理指導受けることができて、その先生の指導が「お父さまに謝りなさい！」**っていうことだったんですよ。

いや、親父はね、高度経済成長から良い時だけやってね。**バブル崩壊**してから私がやって、営業所なんかも彼はどんどん作

山一証券
かつて存在した日本の証券会社。野村證券、大和證券、日興證券とともに日本の「旧・四大証券会社」の一角にあったが、不正会計（損失隠し）事件後の経営破綻で1997年(平成9年）11月24日に廃業した。

っていって、私は全部閉鎖してきたんですよ。父がやったことはリクルートとか営業。私がやったことはリストラですよ。「なんで俺にやらせんだ。お前の尻拭いを！」みたいな生意気な気持ちでね。そういう気持ちでいたので、謝るってことがよく分からなかったですよ。

でも、倫理指導っていうのはしなきゃいけないんですよ、言われたら。で、思い切ってやった時に、私、土下座したんですよ。

気持ちがないからパフォーマンスでね。そうしたら、涙が止まんなくなっちゃって、なんでかっていったら、私遊んでもらった記憶がなかったんですけど、いっぱい思い出しちゃったんですよ。父と遊んでもらった記憶が…。例えば、キャッチボールしてくれたりとかね。逆上がり一緒にやってくれたりとか。あと、空き地がいっぱいあったから、自転車の後ろずっと持ってね、一緒に走ってくれたりとかね。**私にとっては不都合な記憶だった**ので、嫌いなんだから…。

だからそれを解き放ってくれたのかなって、今だからこそ思うことで…。その父に謝って泣いて泣いて、次の日にもう一回銀行に行って支店長にお願いしたら、父の保証なく私に貸してくれたんです。もうびっくりして、ほんとに。

おそらく、今思うと保証協会があったのか、商品があったのか知らないけど、私にとったら父に謝ったことと、私に初めてお金を貸してくれたことがリンクするので、

バブル崩壊
ここでは、1991 年（平成 3 年）3 月から 1993 年（平成 5 年）10 月までの景気後退期を指す。

鯉平のうなぎ重

未だに私はそれを信じているんですよね。私が変わったんだろうなみたいな感じで…。そうしたら環境が変わったんだろうなみたいな感じで…。

そこから私もすごく変わって、一気に実は税理士の先生も変えたりとかして、月次決算を始めたりとか、積極的にとにかく。3年で黒字化しました。

釣部：謝るって言われて、何を謝るとかっていうのは？

清水：何も言われない。ただ謝りなさい。

釣部：清水さんもよく分かんないけど、とにかく謝ろうと…。

清水：そう。だって謝れって先生が言うからね。なんで謝るのかよく分かんないけど。

釣部：何について謝るのかなと思っちゃいますよね。

清水：そうそう。何もない。だから、「ごめんなさい。私あなたが嫌いでした！」みたいな感じで…。

釣部：で、謝って思ったら、遊んでくれたとか、要は愛されていたとか。そういうことを思い出して…。

清水：そう。思い出しちゃって。

釣部：それは二人っきりの場で？ 正座なんかして？

清水：そう。親父は「バカやってんじゃないよ」って出てっちゃったんですけどね、私はなんかずっと泣いていましたね。不思議な体験ですけど…。

釣部：そこからは融資がきて、その次は変なというのもおかしいですけど、チャレンジじゃなく地道にしっかりとした…。

清水：もう、やりましたね。

釣部：お父さまはなぜ「やめとけ！」とか、「ほら！」ってやらせたのでしょうね？

清水：謎ですね。

釣部：3年後ですか？　事業継承された時にもし息子さんがなんかやったら、そういうのが生きてくるんでしょうかね、その時に…。

清水：だから、私は父との関係性良くなかったら、私は意識的に息子との関係を良くしようとしましたね。今なんかラインで繋がっているし、しょっちゅう飲みに行くし、コミュニケーションを私からしようとしましたから…。私は私と父との関係のようには、絶対なるまいと思って子どもとは接しましたね。

3、息子との関係性とウナギ業

釣部：先日の息子さんのフェイスブック記事読んで泣いたというお話を、よかったら皆さんに紹介していただけますか？

清水：うなぎ業界の話なんですけど、いいですか？

　去年（２０１９年）の７月の土用の丑の日に、環境省がフードロスをなくしましょうっていうことで、明日は土用の丑の日ですね。うなぎ屋さんには予約をしていきましょう。あるいは、コンビニでお弁当買う時にはうなぎ弁当予約しましょう。フードロスをなくしましょう、というお話を出してくれたんですね、環境省が…。

　そうしたら、結構炎上しましてね。「じゃあ、絶滅危惧種のうなぎを食えというのか！」と…。「そんなもの食わなくたって生きてけるんだ！」みたいなのが、ワーッみたいになっちゃって、私たち業界の人間はすごくへこんだんですよ。

「あー、うなぎ食わなくても生きていけるんだよね」と。「俺たち何やっていんだろうね」みたいな感じ…。

　そうしたら次男が今度事業承継するんですけど、次男がフェイスブックで**「そんなこと言わないでください。私のおじいちゃんも、私の父も、あなたがいうそんなものを売って生きてきました。私はその利益で学校行かせてもらって、そして恋**

をして今結婚して、子どもをもうけました。とっても大切なんです、うなぎは。大切に売りますから、お許しください」

…みたいに話したんですよ。

もう、べーべー泣いてしまってですね。よくここまで育ったなっていうか、もう大丈夫だなと思いましたね。

釣部：工藤さんここまでお聞きして、いかがですか？

工藤：ちょっと感動してしまいましたよ。私ご子息二人とも存じ上げているので、そういうエピソードっていいなと思いますよね。

私も親父に謝った経験があって、私の父は早く他界してしまったので、墓に向かって謝ったっていうことやって…。

昔、本を書いていたんですけどね。筆が進まなくて苦しかった時に、やっぱり倫理指導受けて、謝ってこいって言うんですよ。私の父もおじいちゃんも、ずっと代々うちは学究肌の家系なので、とにかく何もしなくても勉強できる一族なんですよ。

で、「お前は学究肌の血を受け継いでいながら、それを何ひとつ生かし切ってない。これを親不孝と言わずして何が親不孝か、この親不孝もん！」って「墓行って謝ってこい！」って言われて…。

言われたことはやらなきゃいけないルールがあるもんですからね。で、やったらやっぱり意味は分からないわけなんですよ。うちの親父、酔って暴れる人だったので、確かに日本一の大学出て、スーパーエリートだったけど、家族からしてみたら酔って暴れられて迷惑以外の何者でもないですからね。嫌いだった。

なんで謝んなきゃって思いながら、でもお墓に行って、「お父さん、今本書いているんだけど筆が進まなくて、先輩に謝ってこいって言われたんで謝りに来たよ。ごめんなさい」って言った瞬間に号泣ですよ。人格崩壊次元のそのレベルの号泣ですよ。

釣部：嗚咽っていう。

工藤：もう泣き崩れる状態。当時私四十半ばだったのかな。気持ち悪いですよね。四十過ぎの男がね、墓の前で一人おいおい泣いているって、そういう状況。

そうしたらなんのことはない。ほんとに書けちゃったんですよ、その後。スラスラ書けたんですよ。

これ何なのかなと思いますよね。だから、親祖先から受け継いだ個性（たち）を生かしながら、縦に繋がるという倫理的な実践というのは、やっぱり命が息づくんでしょうね、たぶんね。命のバトンもらっている。だけど、それは生物的に生きているっていうのと、人生を生き切っているって次元が違うじゃないですか…。

それが親祖先に繋がってないと、命を長らえる次元の生き方はもちろんできるんだけど、自己実現ということで考えた時は、やっぱり親祖先に繋がるっていうことはすごく大事で、体験僕もあるので、今、清水さんのお話伺っていて、人に道ありきやなと思って聞いていました。

清水：生命のエネルギーが縦にスーっていう、なんというか流れる感じ。

工藤：流れる感じ。滞っていた、しこっていたのが急にバーッと流れ出す感じ。

清水：東の窓開けて、西の窓開けたら風が通った部屋みたいな。不思議だよね。

工藤：不思議な感じ。

清水：上と繋がると下も絶対繋がってくれるって感じ。

工藤：私なんかそれがきっかけで結婚して、血はつながってないけど、子どもと孫に囲まれて今、生きていますよ。どういうことだよと思うよね。

笑顔で働く従業員

釣部：縦と繋がるってことはすごいことですよね。

工藤：すごいことですよ。

釣部：ちょっと前に歌舞伎の團十郎か、ちょっと名前分かりませんけど、名跡の方が「自分が継ぐってことをどう思いますか？」と訊かれて、「私が継ごうと思ったら、私は潰れます」って言って、「えーっ！」とインタビュアーが聞いたら、「私は先代からもらったものを、次の世代に繋ぐためだけに一代います。おそらく先代もそうだったんではないでしょうか？」というのを聞いて、「えーっ！」と思って…。

継いでいくっていうのは、体でいうと関節というか、例えば野球でも投げるじゃないですか。腰の力をここでやると手首壊れますよね。ほんとに関節で繋いでいった時に指先にすごい力が発揮されるとしたら、そういう伝統でもなんでも、何か繋いでいるもの。変化させるじゃないですか必ず、歌舞伎でも…。その変化させながらバトンを渡していくっていう意識の下に、だから自分がバトンを持てるというか。

だから、自分がそこでなんかやろうという、先ほどの例でいうと、一旗上げようとか、親父に勝ってやろうとか、自分がやろうと思っている時だからうまくいかないけど、繋ぐぞ！と思った時に先祖からのエネルギーがきて、数年後に次にっていうふうになるのかなと思って…。

これって体験しないと分かんないですよね。お話としては、「そうなの？」とは聞けるんですけど…。

でも、男として生まれたら父を超えたいと思うのは、逆に普通かなって僕もそう思っていましたから、ただ、ある時超えられないって分かったんですね。

清水：超えられない。

釣部：戦争に行っていた人間が、親父は絶対に超えられないって思って、ただ爪の垢でも煎じて、本当にひとつでも何か親父からもらったものを、自分は社会に還元したいって思うように変わったんですよね。

清水：分かる。

釣部：みんなそうですよね、たぶん。

清水：そうだと思うんですよね。母親から生まれるわけで、母と子どもってのはものすごく繋がっているわけですよ。だって十月十日一緒にいたんだから。**父親との繋がりというのは、努力しないと繋がらないんじゃないかな。なんとなくだけど。**

釣部：父の話は二話でもしたいんですけれども、**清水さんは会社を作った以上継続させるとこが、義務だというか、使命だ**までおっしゃいますよね。今会社が平均7年とか、長くても30年ぐらいで終わっていく会社が多い中で、継続することに意味があるというのはやっぱり清水さんのお考え？

清水：すごく思いますね。**受け継いだっていうのは自分の意思で受け継いだわけでしょう。受け継いだからには絶対に続けなきゃだめですよ。**受け継がなければ良かったじゃないですか。だったら、続けないんだから…。そうですよね。

ずっと続いてきたっていうのは意味があって、社会的な意味もあって、それを自分が受けたのに続けないっていうのは、もうあり得なかった、私の中では。

釣部：創業する人でも、創業した以上続ける？

清水：どうだろう。それは創業者に聞きたいよ。だって、私のイメージは創業者っていうのは、四輪駆動のすごいジープみたいので、オフロードの山をガー、ガー、ガーって上がっていく感じでしょう。それでやっとちょっと平らなところで二代目に移して、三代目はアスファルトの道に行って、私四代目だけどもうハイウェイですよ。首都高速道路みたいな感じでしょう。

だから、俺にとってはすごく偉大な憧れ。僕は創業者のパワーというのは、すごいと思う。だから、「俺が作ったんだ！」「おれが潰そうと勝手だ！」。そのとおりだと思うんですよ。お客様とかに迷惑かけなければですよ。僕はそれはやめてもいいんじゃないですか、創業者は。と思います。

釣部：第二話、今度は継続というところのテーマでお話ししたいと思います。

第二話　続ける力！　続ける価値！

～継続することは何を生み出すのか？～

四千年と言われる中国の歴史も多民族が前王朝の全てを根絶してきた。今でも世界の多くの政治の世界では、敵対した前任者の業績をスクラップして自分達流に新たに作り変えるケースが多い。

ひるがえって、日本は摂関政治、幕府、官僚や首相と権力者が変遷しても権威者として天皇家は継続し、百年近く暖簾を守る企業も多い。

守りたくても多くの困難で守りきれないケースもある中に、守れている、いつだって続いているという力とは何でしょうか？

その仕組みと秘訣を工藤直彦が解説。清水氏が「家業を続ける」ことにこだわる意義とは？続けられない人、あれこれ目移りして失敗する人も含めて、「継続は力」の本質を語り合う内容は必読です。

1、権力者と権威者を分けてきたのが日本

釣部：先ほど、継続という話がありましたが、今日はなんと「建国記念の日」ということで、「建国記念の日」となると日本の文化といいますか、天皇陛下がずっと続いているという話題があるんですが、皇紀２６８０年ということで、日本は世界で唯一、いろいろ説はありますけれども、ずっと父方で続いているという国家は日本ですよね。その辺、清水さんに解説というか、お考えをお訊きしたいんですけれども…。

清水：私より詳しい方はいっぱいいらっしゃるし、ただ私の聞きかじり読みかじりですから違うかもしれないけれど、今本当に天皇の次の後継者というのは、お二人しかいらっしゃらないわけですよね。大変由々しきことなんですね。結局、神武天皇から始まって、１２６代ずっと同じＹ染色体で性染色体の同じＹでずっと繋がっているのが天皇です。これ間違いないので…。

それってよく繋がったなと思うんですよ。そこまで２０００年以上繋がっているんだから、それを途絶えさせてはいけないんじゃないのかな、もったいないんじゃないのかなと思うわけです。

今、例えば女系、母系でもいいんじゃないか。愛子さまが天皇にならないのは、おかわいそうっていうご意見もあるんだけれど、なぜ男系でＹがずっときたかというと、

さかのぼると蘇我氏とか物部氏、藤原氏とか。だってずっと権力者はコロコロ変わるけど、天皇はずっと変わらないわけですよ。

藤原氏なんて娘ができたら天皇家に嫁がせて、岳父《がくふ》になって権力振るったわけでしょう。日本はそれをずっとやってきたんですよ。**権力者と権威者を分けて、この両輪でずっときたのが日本なんですよ。** これは中国の孟子がそういう国が理想ですよって、前漢の時代、三国志の時代に言ったぐらいに大事なことだったんだけど、中国では魏の曹操が漢王朝を殺して自分も権威者になってしまってから、**易姓革命**といって、権力者が権力を握ったら、前の権力者をなかったことにしていく。最初の皇帝であると宣言していった、プツ、プツ、プツ、プツっと切れた、４００年だかなんだか知らないけど、そういう国家なわけで

平清盛・源頼朝・足利尊氏・織田信長・豊臣秀吉・徳川家康は時の権力者です。

その時代の事実上の支配者である彼らは、天皇の地位を奪いませんでした。

奪うよりも利用するほうが好都合だった、という側面は確かにありますが、

天皇こそが、日本人に継続性、正当性、一体感を与え、日本国の統合を保証する

存在であることを遺伝子レベルで理解していたのでしょう。

清盛以下は「権力者」「覇者」であり、歴代天皇は「権威者」「王者」といえます。

す。だから、中華人民共和国は70年っていう、すごく新しい国ですよね。

日本はあの第二次世界大戦で負けたんだけれども、権力者と権威者が併存するという国体は守られてきたっていうことでしょう。すごいことじゃないですか。もう戦争に負けたら、世界中どこでも王室とかほとんどもうないですよ。何か意味があるんじゃないのかな、だから守んなきゃいけない。

例えば、愛子さままで良いということになると、それは愛子さままで良いんです。推古天皇、持統天皇だって女性天皇ですから…。ただ、**ピンチヒッターだったということ**です。あるいはご結婚されないで、次の代でＹ染色体の方に譲ったっていう歴史がずっとあった。

もし愛子さまが、例えば釣部さんと結婚したとするじゃない。今の奥さまとなんかあって。それで新しく再婚しようと思って、愛子さまと結婚したとするじゃない。そうしたら、その間に生まれた子どもが男の子だとすると、愛子さまの次の子が次の天皇ですね。そうすると釣部さんのＹ染色体になるんですよ。

釣部：そうですね。

易姓革命
中国数千年の歴史のなかで繰り返されてきた王朝交替のこと。王朝にはそれぞれ一家の姓があるから、王朝が変われば姓も易(か)わる（易姓)。徳を失って天から見放された前王朝を廃することは、天の命を革（あらた）める行為である（革命)。したがって、このような新王朝を創始する事業は「易姓革命」とよばれた。

清水：史上初めて。僕はちょっと尊敬できないんですけど（笑）。そういう気持ちが国民に湧いてきてしまって、次の天皇をつくるときに国民が分断されるんですよ。これが一番怖いですよ。…と思います。

釣部：工藤さん中国にも詳しいと思うんですけど…。その辺どんなお考えを？

工藤：中国古典ね。まったくおっしゃるとおりだと思いますよ。今の話ちょっとかぶせると、世界中の皇室を王室といっていいかどうか分かんないけれども、**世界中の王室の中で、126代にもわたって父方、男系でずっとバトン渡されている国って日本以外ないん**です。

デンマークが五十何代かな。イギリス王室だって全然浅いでしょう。だから、国取り合戦やっていて政権取っちゃったら、前の人たちを全部抹殺しちゃうっていう歴史じゃないですか。それが日本だけはこのようにあり続けた。
　特に中国の場合は、実をいうと中国って多民族国家なので、いろんな民族が実はいる。東洋人の顔はしているけど実は民族が違って、全部滅ぼしちゃう。全部根絶やしにしちゃうみたいなことが歴史上何度も起きていて、だから、そういった意味では、大和民族って根本的に違うんだと思います。それはすごく感じますよね。

清水：だから、韓国の大統領が辞めると逮捕されたり自殺したりっていうのは、そういう易姓革命の中国の歴史を踏襲している感じは否めないいんじゃないいんですか？

釣部：明治維新の時も日本は徳川慶喜を残していますよね。だから、革命は前任者を抹殺、

「王者と覇者が共存することが好ましい。」
（孟子）

中国では、「漢」がこの理想を達成する目前まで来たにもかかわらず、曹操（覇者）が（王者）になる野望を持ったことにより叶いませんでした。

皇室の姓が改まる革命を「易姓革命」といいます。
中国、ロシアでは頻繁に起こり、その都度、大虐殺大破壊によって前文化の破壊消滅が繰り返されてきました。

幸せなことに、日本に易姓革命は起りませんでした。

曹操

維新は前任者を残しながら政権だけを変えていくっていう。それってある意味すごい文化の中に我々は生きていて、そこに逆にいうと麻痺しているというか…。

清水：自然とＤＮＡの中にそういう重んじるというのがあるんじゃないですか…。

釣部：男系が変わると違和感あるけど、積極的にそれだっていわれても…。ニュース見ても、女系・男系・母系っていっても、いないんだから仕方がないと思ってしまう、いないならまあ天皇家を残すかっていう議論になっちゃって…。でも、強く反対される方と寛容な方がいらっしゃって。どうなんだっていわれても、正直ちょっと意味があまり断言していえないし、こういうことっていうと、反対派の方とか賛成派の方がいろいろいて、イデオロギーもあって、ちょっと難しい問題だと思うんです。

さっき一話でもお話しいただきましたが、やっぱり清水さんは継続する、続けるっていうことが大事なんだということをすごくおっしゃっていて、今、国連のＳＤＧｓ（持続可能な開発目標）がありますよね。あれも続けるということですよね。

清水：それは未来に向かって続けましょうと。世界中の人々の、この地球の中で誰一人として取り残さないで、持続的に開発していくんだという決意ですよね。地球という星をここから未来に向かって絶対継続していくんだ。これもやっぱり繋げるということだと思うんですよね。

釣部：ＳＤＧｓの場合、環境とか教育とかいろんな１６９の分野があって、それをそれぞれ持続可能で発展させていこうということですよね。今の時代になって、続けるっていうことの価値が見直されている感じでいるかなと思うし、企業でも百何十年とかの企業が多いのは日本だっていうふうに。あとドイツでしたっけ。

清水：オランダか、デンマークかな。

釣部：こっちは比較的多いけど、断トツで日本が多い。

清水：それは日本です。それは国体が安定していたからですよね。国が安定していれば、そこで働く人たちとか会社も継続しますよ。

釣部：国の安泰というのは経済もあるけど、それよりも権威というかそういうものとして、日本人の矜持という言い

SDGs
2015 年 9 月の国連サミットで採択された「持続可能な開発のための 2030 アジェンダ」にて記載された 2016 年から 2030 年までの国際目標。持続可能な世界を実現するための 17 のゴール・169 のターゲットから構成され，地球上の誰一人として取り残さない（leave no one behind）ことを誓っている。

方すると抽象的なんですけど、そういうものが安定しているという。

清水：そうです。憲法第一条にある統合の象徴ですから、そういう人がいるってことがすごいじゃないですか？　みんなが大切にしている。京都の御所、2mぐらいの塀ですよ。決して誰も中に入って天皇を暗殺しようとした人はいませんよ。日本人はそのぐらい天皇という存在を守ってきたんですよ。すごい大事なことだと思う。

釣部：皇居のお堀に入るのも外国人ばっかりですよね。日本人は飛び込まないですよね。いくら酔っぱらっても道頓堀には飛び込むかもしれないけど、皇居に飛び込もうって人はあまりいないのは、どこかにあるんでしょうね。日本人としての魂といいますか…。そういうのを感じますね。続けていくという価値ですよね。天皇制って難しいんですかね。イデオロギーが入ってくるからですかね。

清水：過去の戦争のいろんなことじゃないでしょうかね。

釣部：でも、戦争の時に親父なんか戦争に行った人間ですけど、やっぱり親父も天皇陛下のことは悪くは言わないですよね。東条英機とか、そういう人たちのことはいろいろ言いますけど、陛下はやむなくそう言わざるを得なかったというような言い方をするので、特にうちは何もない家庭ですけど、やっぱり陛下のことを否定はしなかったですよね。だからそれってすごいなって…。

清水：日本にも、その男系とか父系のY染色体が途絶えるかもしれない歴史はあったわけですよ。

例えば、元寇（げんこう）っていう、元っていうすごい強い大きな国が攻めてきた時に、九州の太宰府で北条時宗が迎え撃ったんだけど、台風が来て神風が吹いて、それでやっつけちゃったわけでしょう。蒙古が自滅したわけですよね。

7年後にもう一回来て、また台風来ちゃうんだよね、これを神風と呼んだわけでしょう。だって、すごい強かったんだから、あのままいったら今ここ中国ですよ。元ですから。間違いなく、そうしうたらもう天皇もいないし。

あと、ロシア革命だって、バルチック艦隊やっつけたけど、強大なロシア帝国またやってきたら日本はもう負けていたし、ここはロシアです、今。あの時は明石元二郎さんという方が、レーニンにユダヤ人からもらった資金を出して、ロシア革命を起こさせたんですよ。それで助かったんだから。それも神風だし。

あと、昭和天皇がGHQ本部に行って、マッカーサーにどうせ裕仁は命乞いに来たなってパイプ吸っていたら、「この責任は私にあるから、私はどうなってもいいから、日本の国民を飢えさせないでください」って言って、「初めて私は世界一のジェントルマンを見た」って『マッカーサー回顧録』で書いてあったでしょう。あれでルーズベルトに打診したら、「いや、このまま天皇を処刑したら、日本の国はゲリラ化していって、共産化する」と。「とにかく生かせ！」みたいなかたちだったでしょう。神風が吹きまくっているわけですよ。

小泉純一郎さんの時も女系でいこうってことで閣議決定の寸前までいった時に、紀子さまが男の子をご懐妊されたんですよ。これも神風でしょう。守らなければいけないっていう、世界で唯一の長く続いているファミリーを守ろうという何か神の

「天皇の話はこうだった。『私は、戦争を遂行するにあたって日本国民が政治、軍事両面で行なったすべての決定と行動に対して、責任を負うべき唯一人の者です。あなたが代表する連合国の裁定に、私自身を委ねるためにここに来ました』――大きな感動が私をゆさぶった。死をともなう責任、それも私の知る限り、明らかに天皇に帰すべきでない責任を、進んで引き受けようとする態度に私は激しい感動をおぼえた。私は、すぐ前にいる天皇が、一人の人間としても日本で最高の紳士であると思った」（『マッカーサー回顧録』1963年）

意志みたいのを私は感じる。

釣部：ただ、清水さんのようなY染色体を守ろうっていう人たちの人口が増えていくと、何か見えない世界の部分で、皇族の中に男の子が生まれてくるっていう。

清水：あるいは旧宮家を戻すという考え方。竹田家とかね、浅香家とか、東久邇家とかY染色体を持っている男の子がいらっしゃいますから、それも良いのかなと…。

2、次の世代につなげる

釣部：残すと決めて考えれば、いろいろまた出てきますよね。でも女系となると、また答えが変わってくるんで、まずやっぱり残すと決めるかどうかという。続けるということですよね。

ちょっと天皇家だと話が大きいんですけど…。僕去年入院した時に、モーニングセミナーを倫理法人会では毎朝やっていて、僕が入院していても毎週続いているんだと思った時に、すごいなと思ったんですよ。日本中７００箇所ぐらいで、いつ来てもいいようにやっている。あの時、僕は全国７００箇所から待ってもらっていると思った

親子三代

んですよ。特に自分は豊島ですから、豊島では毎週木曜日に待ってもらっている。待ってくれている場所が日本７００箇所にあるんだと思った時に、実はすごいことを倫理法人会の皆さん、モーニングセミナーを守っているんだなって思ったんですよ。

でも、自分にとってはたかが毎週早く起きてやっていることだけど、でも見方を変えると、それがだって一番古い単会が40年ですよね。40年間毎週途絶えてないんですよね。先日、八潮の今井元会長も3・11の震災の日行ったら一人だったけど、一人でモーニングセミナーやったって言ったんですよ、誰か来たらって。これが会長の矜持だと思うし、継続しているっていうことの凄さで、そういう小さなことの継続っていうのもすごく実は人間として難しいことかなとも…。

清水：いや、でも偉大ですよね。

釣部：朝、交通の緑のおじさんっていうんですか？

清水：そうそう。

釣部：ねえ、ずっと毎日。

清水：雨の日も雪の日もやってらっしゃるでしょう。偉いなと思うんだよね。

釣部：子どもの頃は子どものＰＴＡで当番になって、その日だけ行ってはいってやりましたけど、でも、毎日のようにやっている方、いらっしゃいますよね。ごみ拾いもそうですよね。なんなんですか？　継続する力って何かを生むんですかね。

清水：その辺はもう、工藤さんが得意なんじゃない？

工藤：私たちの倫理法人会で習う勉強会の考え方でいうと、例えば地球は1日に1回まわって、太陽の周り1年かけて周って、そういう一定のリズムで周っているわけじゃないですか。だから、1日・1ヶ月・1年っていうサイクルがあって、さらに干支まで考えると60年で回るとかいろいとあるじゃないですか。

こういったサイクルに乗ると、リズムが良くなるっていうのは分かりますよね。だから、日に1回は同じことを繰り返す実践って結構いわれるじゃないですか。それをやることで、乱れていたものが整いだす人がいるっていうのは確かですよね。だから、**続けるっていうよりもリズムに乗る**。うちの近所にもいるんですよ。おじさんというか、おじいちゃんでね。コンビニ袋みたいのを持ちながら、トング持ってごみをひたすら拾い集めているおじさんがいるんですよ。すごいなと思いますよね。

1円になるわけでもないし、ただ毎日やるとそう思っているからやっているだけなんでしょうね。すごいなと思いますよね。あのおじいさんが不幸な人生だとはとても思えるわけがなく、素晴らしい人生なんだろうなって、たかだか毎朝ごみを拾っている姿にそういうのを感じるじゃないですか。

継続は力なりとはよく言ったもんでね。みんな事情を言うじゃないですか。こうこうこうだからできないんですとかね。でも、**続けている人ってどんな事情があっても続けているってこと**でしょう。だから、そこがすごいなってね。

例えば、倫理法人会のモーニングセミナーひとつとってみても、元々発祥の地って倫理法人会って千葉県の船橋じゃないですか。船橋倫理法人会っていうのが一番長い会なんですけど、なんと元旦とか、大晦日とか、お盆も入れて、1回も休んでないんですって、約40年間。これすごいですよね。どこでもお盆休みとかね。今日は元旦だからとかいって休む会はそれなりにあるけれども、それすらも1回も休んでないです。ここまできたら半永久的に休めない。

釣部：休めないですね。

工藤：でも、**誰かがそれをバトン渡し続けているから、それを受け継いだ人たちが、ある意味プライドとか誇りとか矜持にまで変わってくるわけじゃないですか。それは大きな力を生むっていうのは道理ですよね。**続けるってのはすごいなと思いますよね。

釣部：その小さなことの積み重ねが集まっていって、大きなものになっていくっていうことなんでしょうね。

工藤：でしょうね。

釣部：じゃあ、清水さんの場合は続けるっていうのは事業を継承する。

清水：ですね。こだわりますね。社会的な責任があるのかなって勝手に思っていて、例えばうなぎ屋さんって、ご家族でやっている小さなうなぎ屋さんが多いんですよね。そうすると、本当にうちのような問屋がやめちゃうと困るわけですよね。供給責任がそこで社会的な責任が生じてしまっているのであれば、絶対に続けなきゃだめなんですよね。赤字になろうがなんだろうが、供給し続けなければいけないなっていうのはあります。それが私にとっての今の事業なんじゃないのかなっていうのが…。とにかく続けること。

釣部：もう継続がすべてという感じですよね。

清水：そうです。

釣部：そのためにすべての努力があり突破があるという。うなぎという淡水魚という文化を日本に継承して、その小さなお店を困らせないぞということですよね。たぶんそういうのが先代からずっと…。

清水：もう言われてきたし、そうです。そうです。

釣部：今、息子さんにはそういう話もされます？背中だけを見せていっているんですか？

清水：どうでしょうね。しょっちゅう会っていますから、知らないうちに話しているのかもしれないし、でも、父と息子っていうのは、阿吽の呼吸で「えー、お前今それやるんだ。俺もお前と同じ年頃に同じことしていたよ」とかね。「今そこが病気になったの。俺も同じとこが病気になったよ」とかね。

なんか不思議に同じことするんだよね。これはなんとも愛おしくなっちゃうよね。だから、これが父と子なのかなっていうのを感じていて、黙っ

4代目と5代目

て見ているのかもしんないし、あるいは私もＰＴＡの会長になったり、いろんなお役するると自然と人前で話すことが多いから、それをなんとなく聞いているんじゃないですか、息子たちは。ありがたいですけどね。

釣部：今の聞くと、先代も若い時なんかその前を超えようと思って、いろんなこと手を出したりしていた？

清水：それは言っていました。失敗したって…。変な話ですけど、台湾からすっぽんを大量に輸入したら、みんなメスだったらしくて、途中で卵産んで死んじゃったっていう。何百万も損して…。いろんなことやるんでしょうね、歴史を超えようと…。

釣部：超えようという努力があるから超えられないって分かったり…。

清水：そうでしょうね。

釣部：しながら、結局そうやって代々脈々と逃げないということが構築されていく。第二話これで終わりたいと思います。

第三話　永久不滅な物と一時好調の違い

～時空を超える美しさに宿る精神～

永久不滅な物と一時好調の違い！

出版に携わるＭＣ釣部人裕は、ベストセラーよりも何年経っても読まれ続けるロングセラーを目指します。論語、お経、聖書、千年以上前に書かれている書物がなぜ、21世紀の現代人に読まれるのでしょうか？

世の中には変えていくべき物と変えてはいけない物があり、変わらない本質こそ大事と工藤直彦は説きます。清水良朗氏はドラマ「おしん」が世代、民族を超えて伝わっていくという不滅の真理を語ります。ＭＣ釣部の父、日本男児の死に様の話、「時空を超えて不滅な物」についての議論は深まっていきます。

一時だけ調子が良かったのに…、好不調の波が激しくて…、流行を追いかけるのに消耗した…、そんな事に悩むあなたは必見の内容です。

1、ロングセラーと淘汰

釣部：第一話・第二話、継続、続くというようなテーマで流れてきているんですが、私、出版社やっているものですから、「ベストセラーが出せますか？」とかっていう話をよく聞かれるんですけど、僕はベストセラーを出したいと全く思っていなくて、僕はロングセラーを出したいと思っていて…。

ベストセラーを、僕はつくる力ないですけど、出版社が力あればメディアを使ったりしてつくることはできるんですが、ロングセラーってつくれないんですよね。なるものなんですよ。ロングセラーに。

ベストセラーは読んでがっかりする方もいらっしゃるんですよ。「なんだよ、これ！」と。

ロングセラーはがっかりすることはほとんどないんですよね。「この本、良かったよ」と、口伝えになっていって、結局20年売れ続けているとか、30年売れ続けているっていうものになっていったりするものですから、これも本でいうと継続できる。なんらかの真理、真実がその中に入っている、深いものが…。だから、ロングセラーになる。だから、時代を超えて読みたい方がいらっしゃるのかなと思うんですよね。その辺、論語も。工藤さん、そうなりますよね？

工藤：論語はすごいよね。論語はロングセラー。

釣部：超ロングセラーですよ。

工藤：聖書とかもそうでしょう。

釣部：そうですね。はい。

工藤：ロングセラーですよね。お経もそうなのかな？　本当におっしゃるとおりで、たぶんベストセラーというのは、その瞬間ブワーっと売れればベストセラーを取れる、極端なことといったら、一月だけむちゃくちゃ売れたら、新聞の紀伊国屋書店売上ランキングとか出て、ベストセラー扱いになるじゃないですか。

それってたぶん仕事もそうで、単年度で年収だけ上げようと思ったら、ちょっと目端の利く人だったらできますよね。例えば、年収1億稼ごうと思ったら、年間3億円お金を使ったら1億円は絶対稼げるじゃないですか。当たり前でしょう。でも、そんなことやったら普通の人は破産するけど、でも、年収1億ですって言える立場はつくれちゃうじゃない。

じゃあ、ロングってなると、それ永遠に続けることできないじゃないですか？　だから、清水さんの120年以上やっている会社というのも、ここに本質があると思っていて、例えば論語にしても聖書にしても、長く続くものっていうのは、**「時間」というのは本物と流行物を振り分ける不思議な力がある**んですよ。時間の流れっていうのは、物事を淘汰していくんですよ。本質を含むものしか残さないという不思議な力があるんです、時間の流れというのは…。だから、流行物というのはいつの時代でもあって、本屋さん行くと流行物のベストセラーといわれるものが、平積みになってい ますよね。

ロングセラーっていうのは、平積みになってないまでも、その手の本がいつも本屋さんに立てかかっている状態になっているわけですよね。何刷りまで、何年にもわたって売れ続けるものっていうのは、例えば、1年だけ売れるとか、ましてや3ヶ月だけ売れるってベストセラーすごくあると思うんですよ。で、平積みになっているんですね。それが1年後に書店に行って、また平積みになっているかっていうと、たぶんなってない。書棚に1冊だけ立てかかっていたら、かなり良い方で、なくって店員さんに「前はやったなんとかって本探しているんですけど…」っていうと奥から出してくれて、これはまだ良い方ね。「あ、それはもう取り寄せですね」って、もしくは、「いや、これはもう刷ってないんで、もう手に入りません」って、ベストセラーってこんなようなもんです。

でも、ロングセラーっていうのは、いつの時代でもそれに関する本は、例えば、今だって、解説本を書いている人は変わりますよ。だけれども、論語に関する本が本屋さんから消えることはないです。聖書に関することもそう。たぶん、お経に関することもそうですね。こういったものというのは、２０００年クラスの時間の淘汰に生き残ったということで、そこに本質を含んでいるっていうことなんですよ。

私たちが勉強している倫理法人会っていうのでは、「易不易の原理」っていう勉強をするんですね。変えていかなきゃいけないものと、変えちゃいけないものがあるよって勉強で、変えていかなきゃいけないのを変えないと、当たり前で生き残れないわけですよ。

例えば、今パソコンってみんな使うけれども、パソコンが最初出てきた時って、あれ、字がへたっぴな人が清書する道具ぐらいに思っていた人多いんじゃないですかね。

清水：ワープロ。

工藤：そう、ワープロ。それに計算機が付いて、パソコンになってったわけ、ワープ

社員の皆さん

ロからね。

でも、今あれ計算機とか清書機能で使っている人います？　あれ通信機器ですよね。完全に通信機器になっちゃって。このように道具って変わっていくわけじゃないですか。常に道具っていうのは変わっていって。

それが一番新しいもの、一番便利なもの、みんなが使いやすいものをその時使わなかったら、間違いなく生き残れないんですよ。

これは言っていいのかな、まあいいか。昔、僕ね、ライオンズクラブで一所懸命やっていた時代があって、チャーターメンバーという初期の方、最初に会をつくってくれた方、昭和一桁の方がほとんどだったので私の親の世代です。なぜか中間層がいなくって、若い私がポコッといたんです。当時40歳になってなかったんじゃないかな。その先輩たちのお世話を当然、新米だからするわけじゃないですか。私はメールで連絡を回したいんです。何月何日どこそこでこういう会合ありますので、参加なさいますか、しませんか？　でもなんとそのチャーターメンバーの先輩たち、昭和の一桁の人たち、誰一人パソコンを触ったことがない。だから、そういう連絡はＦＡＸでくれという人がほとんど…。でも、ＦＡＸって字も潰れるし、ちゃんと届いたかどうかもちょっと不安だしっていうのがあるじゃないですか。

でも、その先輩たち、「パソコンとかメールとか、俺はそういうのやらねえんだよ」って言われて、「かしこまりました」。なんとその時たったお一人だけ、ＦＡＸも使えない方がいらっしゃって、その人は往復はがきで連絡よこせっていうんですよ。「工藤君ね。私が君の年の頃にはね、そうやって先輩方の出欠を丁寧に取ったもんなんだよ。そうやって鍛えてもらったんだ、私は…」って、筋が通っているのか、通ってないのか分かんないような話。たった一人の為だけに、往復はがき1枚だけ毎回書いていた時期があって…。

こういう具合に**どんどん時代とともに変えていっていいものなのに変えていかないと、厳しい言い方なんだけど周りが迷惑する。**だからそのことを踏まえないで、仕事の話ですよ、コミュニティーで先輩からいろいろご教授いただきながら、人生を教えてもらうって意味では、お世話するってのはやぶさかじゃないんだけど、商売とか仕事するんであれば、迷惑をかけている時点で、もうそれは仕事として成り立たないじゃないですか。私そういうのやらないんでっていうの話…。

だから、**変えていかなきゃいけないものは変えていかなきゃいけない。だけど、変えちゃいけないもの変えちゃいけないよね。**

例えば、**創業の理念だったり、なんのためにこの仕事やっているのかっての、絶対に変えちゃいけない**よね。で、論語を筆頭に中国古典、古典といわれるものっていうのは、時間の淘汰に耐えきったものっていうのは、この変えちゃいけないものがちゃんとその中に含まれていて、まだ紙すらない時代ですよ。論語の主人公が生きた時代には。紙の発明って結構、後ですからね。

紙すらない、そういう時代に語られた哲学的なものなのに、現代こうやって電子の社会でＡＩの時代で生きている私たちが読んでも感じ入って、「なるほどそうだよね」と思うところがあって、人生の指針にする人まで多い。これは１０００年後でもたぶん変わらない。

こういった変わらないものっていうのが大事なんじゃないのかな。だから、長年続いている会社さんというのも、たぶん変えなきゃいけないものは変えていっているはずですよ。

だって、老舗企業っていったって、例えば会計とか決算、そろばんで絶対やってないでしょう。予算だってね。当たり前じゃないですか。それは時代だと思います。でもそこの理念っていうのは、変えてないところが絶対あって、だから、生き残るんだろうなって。そこはすごく感じますよね。

2、真実は時空を超える

清水：今ね、『おしん』の再放送していますよね。うちのかみさん見て泣いているんですよ、なんだか…。で、今『おしん』再放送でみんなが見ているっていうのは、今生きている人もあの内容はめちゃ良いんですよ。なおかつ、あれって、それは工藤さんが言った、時間の流れの中で、まだ認められている価値観なわけじゃないですか。
　あとは、タイとかインドネシアとか、東南アジアで爆発的に未だに見られているってことは、もうちょっと時間軸じゃない、空間の中でも日本だけではない価値観で広がっているわけですよ。良いものっていうの。すごいなと思うんだよね。なんなんだろうね、あのおしんの訴えているテーマ。

工藤：うちの家内も見ています。

清水：すごいよね。

㈱鯉平の活力朝礼の様子

工藤：すごい。

釣部：**真実は時空を超える…。**

清水：時空を超えているよね。

釣部：超えるっていう感じですね。歴史の検証に耐え、空間っていうか民族の枠を超え、残っていくっていうものが真実という。

清水：その価値観は何かってことなんだよね。例えばおしんの場合には、我慢するとかさ。ひたすら我慢して耐えるとかね。あとは人様のためとか。誰かの幸せのためとか。利他の精神とか。そういったものが永遠に不滅ですじゃないけど、なのかなって。

　だから、例えば企業経営もお客さまのためにとか、あと、だからといって仕入先に「お前もっとまけろ！」とか、いじめちゃだめなわけじゃない。**下請けとか仕入先をいじめて、利益を得るのはだめ**なわけで。じゃあ、税金ごまかしたり、そういうのもだめなわけで、つまり三方よしだよね。**日本独特の商人の経営理念というか、その三方よしに適合しているところがずっと残っているんじゃないのかなとは思います。**

工藤：そうですよね。

釣部：生物の世界では強いものが残るんじゃないんですってね。環境に適応したものだけが残っていくっていうふうにいわれた時に、そうだ、じゃあ恐竜滅びないよねって思ったので、だから、おしんなんかも耐えるということにおいて環境に適応して。じゃないと諦めるじゃないですけど、逃げるじゃないですか。でも、結局逃げないで耐えて耐えて環境に適応していっている。それが時代とか苦しみとか、これ適応できないでしょうって。

　だから、アウシュビッツもそうですよね。死んだ人と死なない人っていうのは、体力のあった人じゃないんですってね。希望を持った人なんですって…。帰ったらこれをしようとか、『夜と霧』っていう本があると思うんですけど、あの方はお医者さんで、帰ったらこの体験を本にしようって決めて、大好きな方のことだけを頭に思い浮かべて毎日過ごしたら、気が付いたら解放されて…。

それまで強かった人はポコッと折れたりしていたっていうのは、だから、適応するためには希望があるっていう。希望が心の太陽であるなのかもしれませんけど、その中で「自分は適応するんだ！」。それこそ、「継続するんだ！」、「生き残るんだ！」って決めた方だけが、生き残って、それをどのように表現しているかが映画であったり、ドラマであったり、小説であったりなのかなって思ったんですよね。

清水：生き残るって、生きるってことを続けることだもんね。すごいよね、それ。自分で命を絶たないし、諦めないんでしょう。すごいことだよね。

工藤：まさに続けているってことですよね。

釣部：だから、表現悪いかもしれませんけど、自ら選んだら認知症になっていくとか、諦めた人から認知症になったり、認知症になると優しくしてもらえるって分かったら認知症になっていって、ある方の娘さんが怒ったんですって、お母さんに。「お母さんいい加減にして。認知症にならないで！　介護できないのよ。介護してほしかったらしっかりして！」って怒鳴ったら治ったっていうんですよ。

その時も言った人もすごいなと思ったんですけど、お母さんもすごいなと思った時に、やっぱり自分から逃げないで、逝くときは自分で決めて逝くっていう。だから、うちの親父は入院しましたけど、最期肝臓がんと肺炎で、肺炎は治って肝臓がんは末期ですって言われて…。「どこで死にたい?」って言ったら、「自宅で死にたい」って言ったんで、「分かった」って言って、準備をして、それまで点滴打って嚥下（えんげ）していたのに、家に帰ったら拒否するんですよ。「もういらない」と点滴拒否。「死にますよ」って。「いいです」って言って、2週間で逝ったんですけど。

だから、親父は決めたんだなと思うんですよ。家で死にたい、美しく死にたい。だから、本当に兵隊なんだなって思った。骨はガダルカナルの戦友のもとにまいてくれっていったってことは、自分が寝たきりで長くなると、僕らの家庭が負担になるっていうことを分かっている。

でも、病院では死にたくない。お前らのもとでって、最期、家族手繋いで見送ることはできましたけれども、なんかもう「男!!」と思って…。あの死に方見た時に、絶対俺もああいうふうに死にたいなと思ったけど、最期そのように静かに黙って言えるのかなって…。

でも、僕の今の目標は俺が死ぬときは親父のように、あのように死にたいっていうのがあって、最高のモデルを親父は残してくれた。僕は親父から引き継いだDNAがあるとしたら、その死に方だし、戦争だって玉砕した部隊ですから、生き残ってくれたから僕が生まれているわけで、だから、親父はどっかで生き残るって決めたんだと思うんですよね。

そう思ったら我々生き残った日本人、親父に恥ずかしいっていうか、英霊に申し訳ないとしか思えないんですよ。

昨年、心臓で入院して死を意識した時、「万代宝（書房）」をになったんですけど…。それで人類の宝を残したい。だから、僕全部ロングセラーにしたい本しか出してないんですよ。なるかならないかは、別で。いろんな私の力もあるんですけれども、僕のやることとは小っちゃいけど、皆さんのものはそれを次の世代に残したい。なので、本という形にしませんかって。ユーチューブも良いんですけど、動画も良いんですけど、やっぱり文字でもう一回読むと、その行間が読めるじゃないですか。

僕はそういうものをちゃんと国会図書館に入れて、100年後でも検索すれば出てきて、あんなこと言っていたなって時に読んだ方が、「ああ、100年前にこんなこと言っていたんだ」っていうふうになれば、僕は本望。

清水：紙っていいよね。紙は残るよ。

釣部：紙は残りますよね。今の方あんまり紙、買われないので。

工藤：もったいないですね。

3、美しく死ぬ

清水：お父さま美しく死んだということは、美しく生きたんでしょう。美しく生きた人じゃないと、美しい死に方はね。

工藤：そう。美しく生きたんですね。やっぱり生き様と死に方ってちゃんとリンクしますからね。

釣部：社会的には特に何もしてないんですけど、ただ、少なくとも僕と兄貴をこの世に生んでくれただけでまず感謝だし、大学まで出してくれましたし、とりあえず二人とも元気で今もまだ生きていますから…。それぞれの分野で社会貢献していると思いますけど、自分もしていると言いたいんですけど、少しはね。

そんな日本を変えるとかなんとかはできないけど、そばにいる方に寄り添う人生は、それぞれしているのかなって。もしこれからも残された、一応１００歳まで生きようと思うようになったんで、あと40年ぐらいやり続けたいなと思っているんですよね。

清水：その美しいなと思ったじゃない。その美しいという字は、羊が大きいと書くんだと。むかしむかし羊飼いがいて、羊を飼っていたら丘の上からオオカミが来て、み

んな逃げ惑って、その羊飼いも逃げちゃったんだけど、そこに黄金の毛をした大きな羊が現れて、羊たちの前に立ちはだかって、オオカミと戦ったと。で、食われて死んでしまったと。でも羊たちは助かった。

それを見た羊飼いは美しいと思ったたっていう話を聞いた時に、**つまり美しいというのは、誰かのために、何か人様のためにとか、社会のためにとかっていう、まさに利他の精神の発揚が美しいのだ**ということに私は思い立ったんですよ、なんとなくね。どんな時でも、いつ死ぬか分かんないからね、人間は。いつもいなきゃいけないわけだから、いつも誰かのためにって思っていようかなとか。会社もそういう会社でありたいなというふうには思いますよね。要するに、昔コマーシャルで「ちょっと愛して、長く愛して」っていうの。

工藤：大原麗子。

清水：大原麗子、あったよね。ああいうのがいいなと思うんです。どっかの「かんてんぱぱ」の会社が、「年輪経営」っていって、ちょっとずつ良くなればいいんだと。年輪のようにっていったのは理想ですよね。ジェットコースターのような経営は絶対に嫌なので、弥栄（いやさか）っていう言葉あるじゃないですか。

「皇室の弥栄をお祈り申し上げます」って。弥栄というのはちょっとずつ良くなる。ずっと良くなるという意味なんですって。つまり、天皇、あるいは皇室もちょっとずつ良くなる。ずっと続けるんだということの、日本人のＤＮＡがあるような気がするんだよ。

釣部：工藤さんいつも選択のひとつに「美しいかどうか」っていうのを基準にしたらいいよっておっしゃいますよね。

工藤：そうそう。儲かるを基準に考えると、どっかで足元すくわれて、長く続いているものって絶対選択の質がいいから続くわけじゃない。その選択基準が儲かるかにおくか、どっちが美しいかなって。美しいほう選んだら、

㈱鯉平の経営理念と社訓

経営理念

お客様の喜びをわが喜びとし、働く仲間と感動を分かち合い、
取引先、仕入先、地域社会と共生する。
我が社は「進化する老舗企業」である。

社訓

働いている時が、本当に生きている時である。
真心で働いた時、必ず喜びがわく。
世に楽しみは多い、しかし、いろいろな喜びの中で、
尽きることなくいよいよ高まり深まっていくのは、
働きに伴う喜びである。
人を想い、人を救い、人の喜びをわが喜びとする、
その喜びこそ誠の喜びである。

儲かんないかもしれないけど廃れないんですよね。だって美しいんだもん。それって大事ですよね。

清水：そのとおりね。

釣部：こういう会話していると、皆さんは昭和だなとか。

清水：昭和だよね。

釣部：ねえ。なんか昭和だなっていう感じがして。

工藤：古いと思われるかもしれないですね。

釣部：子どもたちは平成ですし、間も

なく令和の子たちも学校に行くようになってくるわけですよね。

はい。もう時間となりました。本当に今日は貴重な話で、継続っていうことが聞けています。またぜひゲストに来ていただければと思います。今日はどうもありがとうございました。

清水：ありがとうございました。

工藤：ありがとうございました。

釣部：ギャラリーの皆さん、どうもありがとうございました。

ぶぎんレポート

※㈱鯉平がぶぎんレポート（㈱ぶぎん地域経済研究所が出すレポート）に紹介されました。

創業120年を迎えて

往時、「鯉こく」や「鯉のあらい」といった料理は、料亭あるいは旅館での定番メニューだったが、今では一部の美食家らに好まれる料理になってしまった。

そのコイを専門に埼玉県内の料亭などに卸していたのが今年で創業120年を迎える鯉平。かつては埼玉県内に数軒あった同業も、今では料理屋に転業するなどしたため、鯉平が県内では唯一の川魚卸問屋となった。

創業したのは清水平八で、蓮田市閏戸の出身。1875年（明治8年）に生まれた平八は、農家の次男だったため、長じてコイやウナギ、ドジョウ、ナマズなどの川魚を扱う『鮒又』という卸問屋に奉公に出た。

鮒又では、河川や田圃で漁師や農家の人々が捕ってきた川魚を買い入れ、近辺の料理屋に卸していたが、平八はその配達を受け持っていたという。

当時の料亭や料理屋で出す食事は川魚が中心で、しかも養殖されたものはなくすべて天然物。川魚は活きている状態で包丁を入れなければならないことから保存管理が大変で、このことは今の時代も変わらないでいる。

平八は、川魚を天秤棒で担ぐか荷車に乗せて近辺の料理屋に納めていたが、そのうちの一軒に、中山道大宮宿、現在のＪＲさいたま新都心駅近くで料理屋を営んでいた『叶屋』の主人にその働きぶりが認められ、ある時「娘の以とを嫁に貰ってくれたなら土地を分け与えるが、どうか?」と申し込まれた。平八は有り難くその誘いを承諾、氷川神社参道の一の鳥居脇、今は旧本社ビルになっている土地を貰い受けて、鮒又と同じように川魚活魚の卸問屋を創業した。１８９７年（明治30年）のことである。平八28歳の時だった。

以との父親は当時、旧中山道界隈にかなりの土地を所有する一方、○印の中に叶という字を入れた屋号の料理屋を営み、繁盛していたという。

毎日、天秤棒を担いで川魚を納めに来る平八に、娘と土地を差し出すぐらいの惚れ込みようだから、平八は相当の働き者だったのだろう。

一の鳥居脇で開業した平八は、義父と同じ屋号で川魚を販売するが、コイを扱う量が多かったために、近隣住民から「鯉屋の平八さん」とか「コイに恋した平八さん」と親しみ呼ばれ、いつしか呼び名が「鯉平さん」に縮まり、それが現在の社名となった。

平八はまた、実直堅実な人物だったらしく利益は貯蓄に回す一方で、売りに出された家作を次から次へと購入。

大正から昭和の初めにかけてはかなりの家賃収入も得ていた。

もっとも、こうした土地家屋は戦後の土地行政施策によって没収されている。

平八はその後、長寿を全うし１９６５年に88歳の米寿で他界した。

2代目を継いだのが重雄で、１９０８年（明治41年）の生まれ。

家業はそれまでのコイに加えドジョウも扱うようになり、新潟方面から共同で仕入れ、貨車で運ばれてきたドジョウを国鉄大宮駅まで受け取りに行き、得意先に卸していた。

その後、扱いの主力が養殖ウナギへと変貌していくが、時代は日中戦争から太平洋戦争へと悲惨な状況へと突き進む。

経営も同時に停滞するが、先を見通す目が鋭かったことで、苦難の時代を乗り切り家業を守り続けた。しかし、身体にはあまり恵まれなかったようで、戦時中に神経が麻痺する病を患い、戦後間もなく今度は足を悪くしたため家業を3代目晃に譲ることになる。

1933年（昭和8年）生まれの晃は、学生時代から家業を手伝っていたものの、当時は公認会計士か税理士を目指していた。重雄の体が不自由になったことで、夢を諦め家業を引き継ぐことにしたが、事業を継承することにはかなりの抵抗感があったと言う。

母に口説かれて、先祖が作り上げたものを守っていこうと仕方なく受け継いだと振り返る。だが、時代は高度経済成長期へと移行、嫌々ながらも晃は代々受け継いだ商人気質を遺憾なく発揮して、その上げ潮に乗って鯉平を再生し、そして飛躍させた。

もちろん、業容の拡大には大きな苦労や障害があり、辛酸をなめながらにしての結果である。晃が事業を受け継いだ頃から、天然物の川魚は激減し、代わって養殖ウナギを扱う量が増加しだしたが、その理由は人口の増加と都市化の進展に伴うウナギ屋の開店だった。町中にウナギ屋が次々と開業、鯉平の扱う川魚も、コイとドジョウから、ウナギへと軸足を移したが、困ったことに養殖ウナギを直接仕入れるルートを持っていなかったのである。

埼玉県内の料亭や料理屋、ウナギ屋に卸す養殖ウナギの問屋は、すべてと言っていいほど東京・千住の問屋が仲間相場で埼玉県内の市場を牛耳っていた。

晃が家業を受け継いだ１９５６年（昭和31年）には、既に千住は養殖ウナギ問屋のメッカと言われるほど隆盛で、県内の川魚問屋は鯉平も含めて千住の問屋から養殖ウナギを卸して貰い、それを県内の得意先に卸すいわば二次問屋の立場に置かれ、商売をするにはかなり不利な状況に置かれていた。

それを打開することができたのが、妻を娶ってからのこと。たまたま新妻の実家が浦和の乾物屋を営み、商品の削り節を静岡県焼津の大手問屋から仕入れていたことから、そのツテを頼って直接、晃が焼津に出向き養殖ウナギの卸問屋を自ら開拓した。

その結果、千住の問屋とは取引を中止したが、焼津から直接仕入れていることに対して千住の問屋からは様々な嫌がらせや圧力を受けたと言う。

仕入れルートはその後、静岡県焼津・浜名湖から愛知県豊橋、そして三河方面へと拡大したが、当時は竹で編んだザルに養殖ウナギを入れ、その上に氷を載せて貨物で輸送。晃は毎日、東京の汐留駅まで電車に乗って引き取りに行く重労働を強いられた。

しかし、体力的な苦労よりも一番きつかったのは「経営的なことだった」と晃は今振り返る。

産地の問屋からの信用と実績を勝ち取るために、ウナギの需要シーズンに関係なく一定量を一定額で常に購入していたため、シーズン以外では買い取った価格以下で県内の料亭などに卸すことになり、「幾度となく大損をした」と言う。

ウナギは夏の需要期に価格が高くなり、秋になると販売量が落ち込み安くなるからで、損を覚悟で将来のことを考えて常に大量の養殖ウナギを産地から購入し続けた。

その結果、産地問屋からの信用を見事に獲得、品薄の状態になっても優先的に卸元から供給されるようになり、県内のウナギを扱う店からは『鯉平なら、いつどんなときでも供給してくれる』との評判が立ち、事業に大きなプラスとなったと言う。

晃は養殖産地ルートの開拓だけでなく、事業拡大のためにあらゆる対策を講じている。その一つが公設市場への進出だ。高度成長とともに地方でも生鮮食料品を扱う市場が次々と開設されるようになり、埼玉県内でも浦和や上尾、大宮、越谷など各地に公設市場がオープン。晃は市場が開かれる場所ごとに鯉平の営業所を開設して近辺の料理屋など新規取引先を開拓していった。
まだまだ千住の卸問屋との競争が激しい時代で、そうなると価格勝負となるが、晃は敢えて他の問屋よりも安くした。当時の卸価格は仕入れ値にキロ当たり500円を上乗せした金額だったが、晃は300円で十分に採算はとれると計算して販売。その読みが当たり納入先を次々と増やすことに成功したが、千住の問屋からの反発は相当のものだった。

嫌われ文句を言われながらもキロ３００円の上乗せ価格を維持し続け、最終的にはこの上乗せ卸単価が「鯉平相場」として確立し、その価格に付いていけない問屋は千住の問屋を含めて競争から脱落していったと言う。「鯉平相場」を定着させることができたのは、後にも先にも自ら開拓した産地問屋との強い絆があったからだ。

川魚は活きていないと商品とはならず、死んでしまったら大損になる。

創業地の氷川参道一の鳥居前にある旧社屋には常に水を入れ替えるために井戸を掘り、汲み上げていたが、井戸は最低でも2本は必要で、その井戸掘りへの投資も大きな負担だった。晃は「井戸から汲み上げて水槽に流し込む水の音で育った」と話し、その音が途絶えることに恐怖感を持っていたと言う。

水の音が途絶えれば、川魚にとっては危機的な状態で、死んでしまえば１０００万円単位で大損するから経営にとっても危機となる。

生きた魚を管理することは24時間３６５日目が離せないため、家族旅行などもできないほどで、その苦労が忍ばれる。

4代目良朗もその水の音を聞きながら育った。大学を卒業後、医療器械関係の仕事に従事していたが、３年ほど過ぎてから家業を継ぐために鯉平に入社。

一から商売のイロハを学ぶことになった。

入社してしばらくは好景気の良き時代だった。


しかし、バブル崩壊後の失われた10年と言われた時代に家業をバトンタッチされたため経営状況は芳しくなく、経営を立て直すため大胆な施策に出なければならなかった。

悩みに悩んでまず手掛けたのが前線基地からの撤退だった。

それまで開設してきた公設市場内の営業店舗を閉めることから始めたが、特に留意したのが「一軒たりとも得意先を逃がさないことだった」と良朗は話す。

単純に拠点を閉鎖していけば既存得意先が逃げてしまうが、逃がさないために、以前と変わらぬ配送時間・商品の品質・サービスを徹底しなければならない。
その為の物流システムの構築と社員の意識改革を実現させながら、浦和・越谷・鶴ヶ島・上尾・熊谷・大宮の営業拠点を次々と閉鎖、本社からの集中配送に成功して今日に至っている。
営業所の撤退は、コスト負担を極力無くすための苦肉の策だったが、当時は負け戦の時の「殿軍」を任された戦国武将の心境だったと言う。「この撤退作業を父にはさせたくないと思った。」と良朗は言う。

「なぜなら、父にとって手塩にかけて開設してきた各地の営業所は本人にとって子供みたいなものだから」と。

ちなみに、公設市場の営業所撤退に当たっては、せっかく掘った井戸を埋めていく悲しい作業を伴った。

「井戸をそのまま残せば余計な費用を負担しないで済むものだが、残しておけば次の卸業者がそのまま使ってしまうから」だと話す。

ところで、営業所の閉鎖で一番感じたことは「得意先との関係だった」と良朗は後に語っている。

事業の大幅な縮小も考えたが、「得意先との信頼関係や埼玉の人々が食する川魚を供給していく社会的役割を考えると、勝手に事業の縮小はできない」と思ったそうだ。

同時に、企業が社会的責任を果たすことが「事業の継続につながるということだと分かった」と言う。

ただ、「企業は古ければよいということでもない」とも。

真意は「老舗だとか歴史があることを自慢してはならない」という所

にあり、自ら戒め敢えて歴史の長さを前面に押し出さないようにしている。

もちろん、3代目晃が「100年以上も暖簾を守ってきたことに誇りを持ち、老舗であると自負している」との言葉には異論はなく、〝生き残っていくのだ〟という信念を持っていることが必要だ」と強調する。

「生き残ること」、その気持ちを強くしたのが営業所の閉鎖だったが、さらに4代目に試練が待ち構えていた。

撤退作業で一段落した後、氷川参道一の鳥居前の旧社屋から移転を余儀なくされ、2003年にさいたま市見沼区の卸団地に移転するが、移転後にその次なる経営危機に直面する。

移転は、さいたま新都心開発に伴って、100年近く涸れることがなかった井戸から水を汲み上げることができなくなることが判明したことによる。

川魚料理を扱う飲食店の県内分布状況などのマーケットリサーチから卸団地が最も適正地と決め、父親に移転を強く進言して実現させた。

移転後、直接消費者に接することができない卸業の限界を身に染みて感じていた良朗は、それならば「ウナギ屋の直営店を開店すればよい」と考え、父に相談。

しかし、父は意に反して「卸問屋だから駄目だ」と強硬に反対、「得意先の隣で同じウナギ屋を開店すればどう思われるか考えてみろ」と言われた。

卸問屋として卸先との関係を大事にしている晃は、いわば仁義に反する気持ちから直営店の開店に反対したのである。

「だったら埼玉県内ではなく、東京ならいいだろう」再度提案したが、それでも「駄目だ」と言われ、最終的には良朗の独断で別会社を立ち上げ、直営店『まんまる』を東京・池袋に開店、強行突破を図った。

『まんまる』という屋号は、相場の利害関係からウナギの生産者とウナギ屋との仲が悪い業界内で、卸問屋が中に入ってまん丸く、川上も川下もまん丸くなってほしいとの願いが込められている。

池袋店の開店は成功したものの、これが後に大きな落とし穴となった。

多店舗展開を模索した良朗は、次の候補地として何故か遠く北海道は札幌の地を選択、しかも1店舗ではなく2店舗同時に出店したのである。

「札幌の人はウナギを食べなかった」と自ら言うほど、その無謀な出店は見事に失敗するが、「何で札幌なんかに出店したのだろうと後悔する一方で、社長という立場が自分の心に慢心を起こさせたのだろう」と振り返る。

父親に一切相談しなかったことから、当然大叱責されるが後の祭り。

残ったのは鯉平に多大な損害を与えたことによる資金繰りの悪化で、立ち直ることが難しい状況に追い込まれた。

難局打開のため、過去の決算内容を洗い出して新たな銀行融資で組み替えを行い、自らの報酬を半減しただけでなく、社員の給与も2割カットして乗り切ることにしたが、2004年8月にはとうとう支払いに滞る最悪の状態になってしまった。


産地問屋は決済サイトが短く、どうしても資金繰りが付かないことに直面したが、運良く支払先の1社が1ヶ月間の猶予を申し出てくれた。その1社のおかげで資金繰りが何とか解決し九死に一生を得ることになったが、その時「それまで父親の信用で事業を行っていたことや、給与カットでも社員は離れず付いてきてくれたことに心から感謝した」と話す。


危機を乗り越えた瞬間、良朗は「社員を信じて任せることを学び、自分もこれで名実ともに社長になることができ、良い会社になったと実感した」と言う。

同時に、経営改革で取り組んだ〝月次決算〟の重要性を認識し、「危機的状況の中での大きな収穫だった。「月次決算」を導入してからわずか1年で経営状況が好転し、完全に立ち直ったのだから」と現在も続けている。

『まんまる』はその後、鯉平本体に吸収され、現在は1号店の池袋と2号店の新橋、創業地の旧本社社屋1階では『かのうや』、更に東北自動車道羽生PAに『忠八』を出店。

過去の苦い経験を生かして慎重に店舗展開を計画していくという。

鯉平はその名の通り現在でもコイを販売しているが、2004年11月に霞ヶ浦で発生したコイヘルペスの影響で売上が激減した。それ以前から、品質の悪い養殖コイが市場に出回り、泥臭い小骨が多いという悪いイメージが定着したことで売上は漸減していた。

しかし、ヘルペス事件を機に仕入れは品質の良い群馬県産に絞り、地道なPR活動をしたため、売上は微増傾向になってきた。

直営店で新しい鯉料理を開発し女性に鯉の魅力を伝えるイメージアップ作戦を展開中である。

鯉平の売上の90％は養殖ウナギで占められている。

良朗は「いろいろな産地を確保していないと多様化する取引先のニーズ、要望に応えられず安定的に確保できない」と言う。

それだけに供給元の確保に神経を使っているが、国内だけでは供給に不足することから季節によって台湾産や中国産も一部購入している。ピーク時に年間扱い量1000トンを誇ったが、バブル崩壊後は毎年5％単位で落ち始め、今では半分の500トンで推移している。

しかし埼玉県内でのシェア率は卸先数、数量ベースでも65％維持し、消費地問屋としては国内随一。

しかも、最大の特徴は、良朗の代になって始めたトレーサビリティー（生産履歴）の導入で、すべての伝票に生産地や生産者を記入、料亭や料理屋、ウナギ屋が嗜好に合わせて注文できるようにした。

その結果、生産地を指定して注文するケースが増え、売り上げに大きく貢献している。更に近年特徴的なのは、慢性的な職人不足によりＯＥＭによる加工の注文が増えていることで、このことが増収増益に大きく貢献していると分析している。

数多くの苦難を乗り越えてきた４代目良朗は言う。

「企業の立場からすると、常に変化する経済情勢を先読みしながらその時々の状況にあった経営でなければ生き残っていけない。高度成長時代の時は供給場所を確保して売ることに専念すればよく、やり遂げた企業が生き残ってきた」と。

しかし、時代は人口の減少に象徴されるように、縮小化へと向かっている。

「生き残っていくためには何が必要かと問われれば、環境に順応した経営を基本に『月次決算』の実行と顧客サービスの充実で、この時代だからこそやるべきことは多い」と話す。

「近い将来、養殖事業・卸売事業・飲食小売事業の６次産業化を推し進め、川上から川下までを網羅するコアコンピタンス企業を完成させて次代に譲りたい」良朗の目標はすでに80年先の創業２００年に定められているようだ。

（文中敬称略）

万代宝書房について

みなさんのお仕事・志など、未常識だけど世の中にとって良いもの（こと）はたくさんあります。社会に広く知られるべきことはたくさんあります。社会に残さなくてはいけない思い・実績があります！　それを出版という形で国会図書館に残します！

「万代宝書房」は、「**『人生は宝』、その宝を『人類の宝』まで高め、歴史に残しませんか？**」をキャッチにジャーナリスト釣部人裕が二〇一九年七月に設立した出版社です。

「実語教」（平安時代末期から明治初期にかけて普及していた庶民のための教訓を中心とした初等教科書。江戸時代には寺子屋で使われていたそうです）という千年もの間、読み継がれた道徳の教科書に『富は一生の宝、知恵は万代の宝』という節があり、「お金はその人の一生を豊かにするだけだが、知恵は何世代にも引き継がれ多くの人の共通の宝となる」いう意味からいただきました。

誕生間がない若い出版社ですので、アマゾンと自社サイトでの販売を基本としています。多くの読者と著者の共感をと支援を心よりお願いいたします。

二〇一九年七月八日

万代宝書房

【清水良明プロフィール】
鯉やうなぎ等の淡水魚の加工販売に携わっている（株）鯉平４代目代表取締役社長。

【工藤直彦プロフィール】
音楽事務所 アーティスティックコミュニティ代表、論語、哲学、心理学などを学んでいる。

「万人の知恵 その九」
父への反抗が解けた時に開眼する
～１２０年間継続しているフィロソフィー～

2020 年 6 月 18 日　第 1 刷発行
著　者　清水良明
工藤直彦
編　集　万代宝書房
発行者　釣部人裕
発行所　万代宝書房
〒170-0013 東京都練馬区桜台 1 丁目 6-5
ワタナベビル 102
電話 080-3916-9383　FAX 03-6914-5474
ホームページ：http://bandaiho.com/
メール：info@bandaiho.com
印刷・製本　小野高速印刷株式会社

ISBN　978-4-910064-22-2　C0036

装丁・デザイン／伝堂弓月